AF498263

NOTICE

DE BONS

TABLEAUX

DES DIVERSES ÉCOLES,

Provenant de la Collection de M. L. R.,

Dont la Vente aura lieu

Hôtel des Commissaires - Priseurs,

PLACE DE LA BOURSE, 2,

Salle N° 2, au 1er,

Les Jeudi 23 et Vendredi 24 Décembre 1841,
à une heure,

Par le ministère de Me DÉODOR, Commissaire - Priseur,
rue Montmartre, 154.

EXPOSITION PUBLIQUE

Le Mercredi 22 Décembre, de midi à 5 heures.

LE CATALOGUE SE DISTRIBUE CHEZ Me DÉODOR.

—

1841.

NOTICE.

1   **SCHELINGS.** Dans un magnifique paysage, site montagneux, tout-à-fait à la manière de Both : des cavaliers, sur le premier plan, sont arrêtés; d'autres paysans sont au repos; sur le second plan, à droite, on aperçoit de très belles ruines, une fabrique se trouve auprès. Ce tableau, qui est parfaitement traité, nous paraît être une des plus belles productions de ce maître.

2   **BOTH** ET **BEAUDWINS.** Sur le devant, à gauche, on voit un pont qui paraît servir à l'entrée d'une ville, vers lequel se dirige un convoi considérable, composé de voitures et de mulets de bât; à droite, des cavaliers arrêtés devant une tente, sur laquelle flotte le pavillon hollandais, sont occupés à se

désaltérer; plus loin , on voit un château
devant lequel se trouvent d'autres tentes; le
milieu laisse voir la route par où vient le
convoi. Cette jolie composition , riche de
plus de cent figures et animaux, est certaine-
ment une de celles qui méritent d'être re-
marquées.

3   KUYP (Benjamin). Au pied d'un frag-
ment de colonne , un Paysan est assis; près
de lui, une femme tenant un jeune enfant sur
les genoux; devant eux, un jeune pâtre , ayant
un chevreau sur les épaules, paraît, au signe qu'il fait, vouloir le leur vendre ; à gauche, sur le devant, un troupeau de moutons
et de chêvres au repos. Les fonds , qui s'é-
tendent fort loin, sont à l'horizon, bornés par
une chaîne de montagnes peu élevées. Quoique traité un peu en esquisse, ce tableau est
digne de fixer l'attention des amateurs.

4   BOTH (Jean). Très beau Paysage : site
montagneux, d'une fort belle exécution.

5   DU MÊME. Riche composition pouvant
servir de pendant au précédent.

6   VAN-HUYSUM. Dans un Paysage, d'une
composition admirable , une quantité considérable de figures dispersées çà et là, donne

à ce tableau un aspect très animé. Les pay-
sages de ce maître sont très rares.

7   DU MÊME. Pendant du précédent et aussi
bien traitée.

8   BACKHUYSEN (GENRE DE). Mer orageu-
se; sur le devant du Tableau, un navire,
orienté au plus près du vent, file sur ses bas-
ses voiles. Il laisse voir son pont sur lequel
des matelots sont occupés à diverses ma-
nœuvres; plus loin, à gauche, un vaisseau
hollandais s'en va grand largue, d'autres
bâtimens sillonnent la mer en divers sens.
Cette marine est d'une exécution et d'une
vérité parfaites.

9   VAN KESSEL. Une Fabrique d'Armures.
Tableau qui se fait remarquer par la quantité prodigieuse de détails et d'objets divers,
tous traités avec un soin particulier.

10   HORREMANS. Dans l'Intérieur d'une
cuisine, un jeune Seigneur se fait dire la
bonne aventure par une Bohémienne
qui est assise près de lui ; un jeune garçon
et une vieille femme derrière eux paraissent
écouter ce que dit cette sibylle; le maître de
l'auberge debout et un verre à la main, sem-

ble prendre intérêt à cette scène : sur le devant à droite, trois petits enfans jouent. Tous les accessoires sont bien peints, l'ensemble de ce tableau est très harmonieux et doit plaire.

11   MICHEL. Joli Paysage à la manière de Ruysdaël, parfaitement accidenté et coupé en divers sens par une rivière qui vient jusque sur le devant du tableau où se trouve un nombreux troupeau de bœufs, vaches, moutons et chèvres conduits par deux hommes et une femme montée sur un âne, tous passant le gué. Les figures et les animaux , tout-à-fait traités dans le genre de Paul Potter, sont dus au pinceau de Duval.

12   MICHAUT. Jolie Composition de ce maître.

13   BRAWER. Un Fumeur. Peinture d'un fini et d'une couleur dignes d'être remarqués.

14   MIEL (Jean). Des Cavaliers, dont un est descendu de sa monture, sont arrêtés devant une maison. Tableau peint avec beaucoup de soin.

15   DESFONTAINES. Intérieur rustique.

16   BRAWER (Attribué a). Intérieur. Au-

tour d'une table, des Buveurs fument et boivent ; un d'eux joue de la flûte, une femme plaisante avec un autre ; dans le fond deux hommes, dont un tient un verre et un pot de bière, se chauffent.

17   **P. WOUVERMANS.** Petit tableau, très joli de composition.

18   DU MÊME. Pendant du précédent.

19   **TENIERS** (GENRE DE). Cabaret flamand.

20   **RUBENS** (ECOLE DE). Sainte Famille.

21   **DOW**(SIMON VAN). La Halte à l'auberge; sur le devant d'une hôtellerie, se trouve un convoi arrêté; un des cavaliers fait signe avec la main, comme pour inviter ses compagnons à se rafraîchir; la fille de la maison se présente à la porte pour savoir ce qu'il faudra servir ; un homme sur la droite est occupé à soigner plusieurs chevaux. Ce tableau présente un aspect très animé.

22   **LANCRET.** Réunion de personnages devant la porte d'une maison; une vieille femme s'occupe à filer, un vieillard assis caresse un chien, plus loin à droite, un autre courtise une jeune fille qui se trouve près de lui.

23   MURILLO (Ecole de). La Vierge et l'Enfant Jésus.

24   POLLEMBURG (Attribué a). Vénus sortant du bain.

25   CORNEILLE DUSARTH. Sur la place d'un village où se trouve une Voiture dont le cheval est dételé auprès, et s'abreuve, des paysans sont réunis çà et là; en un mot, c'est un tableau fort animé et très agréable.

26   HERMANN (dit d'Italie). Paysage très pittoresque, effet de soleil; sur une rivière, un pont communique avec des ruines construites sur ses bords; des animaux s'y abreuvent, à gauche un cavalier paraît demander quelques renseignemens à une femme. Ce tableau est vigoureusement traité ; nous croyons les figures de Philippe Lori.

27   VAN ASCH. Superbe Paysage où le maître a placé deux Cavaliers cheminant ensemble ; vers la gauche, un troupeau de moutons gardé par un pâtre ; des touffes d'arbres plantés çà et là font de cette peinture un tableau très intéressant.

28   DAVID TENIERS (Attribué a). Dans une salle basse, un buveur tenant un verre et un pot de bière, paraît sourire à une

jeune femme qui est près de lui, et allume sa pipe. Tous les accessoires de ce charmant tableau sont traités avec le soin qui distingue ce maître.

29   CORNEILLE DUSSARTH. Très riche composition : Paysage coupé par une rivière, avec quantité de figures.

30   ISAAC VAN OSTADE. Dans une Salle devant une cheminée, un Musicien, monté sur un banc, fait danser un homme ivre qui paraît trébucher; une femme avec laquelle il croit danser, rit de sa position.

31   DU MÊME. Des Buveurs réunis autour d'une table et qui se sont fait des siéges avec des tonneaux, après avoir bu outre mesure, car ils paraissent ivres, se livrent aux éclats d'une joie bruyante; un d'eux, tenant un pot à la main, a l'air de demander encore à boire. Les physionomies de ces individus sont étonnantes d'expression et font de ce tableau un des plus gais que l'on connaisse.

32   BOUCHER. Intérieur de Ferme : les figures, les animaux et généralement tous les accessoires son traités avec un soin qui fera toujours remarquer ce joli petit tableau.

33 SCOWAERT. Marché sur une place publique ; on remarque à droite les Ruines d'un ancien temple, dans le fond apparaît un palais ; une grande quantité de figures animent ce tableau qui peut passer pour un des beaux de ce maître.

34 DIÉPEMBECK. Le Retour de David; des femmes viennent à sa rencontre pour le féliciter, en jouant de divers instrumens, d'autres jettent des fleurs sur sa route; il leur montre la fronde avec laquelle il a combattu le géant Goliath. Ce tableau est d'une belle couleur et rappelle bien l'école de Rubens.

35 TENIERS (père). Fête villageoise très animée; des buveurs, des danseurs et différens groupes font de ce tableau un des plus jolis dans ce genre.

36 LANCRET. Pastorale. Jolie composition.

37 DU MÊME. Pendant du précédent.

38 SENAVE. Effet de lumière : intérieur d'une cave.

39 DU MÊME. La Leçon de lecture. Composition très intéressante et traitée avec le soin qui distingue ce maître.

40   ROTHENAMER. Adam et Eve. Tableau
très fin.

41   DEMARNE. Le Coup de Vent. Tableau
très riche de composition quoique petit.

42   JOSEPH VERNET. Incendie de l'Hôtel-
Dieu en 1772, peint d'après nature.

43   DANDRILLON. Vue du Pont et du Port
St-Ange à Rome. Composition très riche
et peinte avec goût.

44   DEHEUSE (JEAN). Paysage : effet de so-
seil couchant d'une couleur et d'une exécution dignes de Both d'Italie.

45   ABSOVEN. Le Tir à l'Arc, fête flaman-
de où se fait remarquer la gaîté qui distingue le caractère flamand.

46   TENIERS (PÈRE). La Tentation de saint
Antoine.

47   BESCHEY (ELÈVE DE RUBENS). Le Pois-
son miraculeux. Tableau rappelant bien le
maître.

48   VANDER MEULEN. Une Bataille. Au
premier plan, Louis XV et son Etat-Major.

49   FRAGONAND (PÈRE), de son bon temps.
Un Paysage.

50   DU MÊME. Pendant du précédent.

51   MOLENAERT. Effet d'hiver : des Patineurs sur une rivière glacée.

52   INCONNU (ESPAGNOL). La Vierge chez Sainte Anne.

53   BOUCHER. Une jeune Femme tenant une fleur.

54   SOYFERT. Paysage, avec Animaux gardés par un Pâtre.

55   BOUCHER. Jupiter et Vénus , grande toile.

56   CARRACHE (LOUIS). Hercule aux pieds d'Omphale.

57   DU MÊME. Danaë.

57 bis. RAOUX. Une Femme à la fenêtre, tirant un rideau.

58   GUIDE (ATTRIBUÉ AU). Têtes de Vierges.

58 bis. LEMAIRE POUSSIN. La Charité.

59   PERPETTE. Deux Tableaux de fleurs, faisant pendans.

60   INCONNU. Deux Gouaches : Vues d'Allemagne.

61   MICHEL. Joli Paysage et Animaux.

62   GLAUBERT ET LAIRESSE. Le Départ

de Diane. Composition qui fait de ce tableau un sujet admirable ; nous nous bornerons à dire qu'il est impossible de mieux peindre dans ce genre.

63 BLOUT (Pierre). Une Marine riche de détails; elle est tout-à-fait digne de Cuyp.

64 VAN-DAEL. Des Fleurs réunies dans un vase de terre. Tableau soigneusement exécuté.

65 HORISONTI. Paysage composé et traité à la manière de Gouaspre Poussin.

66 BRUANDET. Petit Paysage, fin d'exécution et très piquant d'effet, avec figures de Mallet.

67 SWAGERS. Très bel Intérieur de forêt; les figures, traitées avec soin, sont de M. Demay.

68 RAOUX. Une très jolie Baigneuse est surprise par un jeune Homme. Ce tableau est fort gracieux.

69 ROOS (Henri). Des Bœufs, des Chèvres et des Moutons, conduits à l'abreuvoir par une jeune fille.

70 VANDER-LEU. Un Pàtre, en gardant son

troupeau, cause avec deux jeunes Femmes, dont une allaite un enfant.

71   VAN-DICK. Le Christ représenté à demi corps, un ciboire.

72   SCHWICKART. Vue des environs de Cologne, traversée par le Rhin.

73   LANCRET. Scène de famille dans un intérieur d'appartement.

74   DU MÊME. Le pendant du précédent tableau.

75   TINTORET. Notre Seigneur descendu de la croix.

76   TAUNAY. Vue prise dans la campagne de Rome. Ce petit tableau est remarquable par l'effet et la finesse de la touche.

77   DEMOOR (CHARLES). Très joli Portrait d'une dame de distinction, richement vêtue, paraissant accorder la liberté à un jeune nègre.

78   VAN-HUYSUM. Joli Paysage où, près d'un monument en ruine, un jeune Pâtre garde quelques moutons.

79   DEMARNE. Le Petit Temple, paysage du

genre historique de la belle qualité du maître.

80   STEEN (Jean). La Visite du médecin.
Cette composition joint au mérite de *Steen*
toute la force de coloris de Pierre de
Hoogs.

81   VAN-HOEK. La Vierge, l'Enfant Jésus
et Saint Jean.

82   SOLIMENE. L'Adoration des Anges, gra-
cieuse composition.

83   D. TENIERS. Intérieur de Ménage flamand : à gauche, le grand-père semble occupé seulement de sa canette et de sa pipe,
tandis que tout près de lui la maîtresse du
logis, tenant sa fille sur ses genoux, s'entre-
tient avec son mari, et que de l'autre côté
trois personnages près de la cheminée fument
et causent.

84   PROCCACCINI. Vénus soutenant Adonis
mourant.

85   ENFENTIN. Une belle Etude, prise dans
la forêt de Fontainebleau.

86   DEMARNE. Charmant Paysage dont la
composition et l'effet pittoresque rappellent

les séduisantes productions de Ruysdaël et de Winantz.

87   ROBERT LEFEBVRE. Les portraits de Beauharnais et de la princesse de Bade, son épouse. Ces deux portraits, parfaitement ressemblans, intéressent par le mérite réel de la peinture et par les souvenirs qu'ont laissés les personnages illustres qu'ils représentent.

88   ROOS (Henri). Un Bœuf blanc, des Chèvres et des Moutons paissent autour de monumens funèbres.

89   GIRODET. Eponince soutenant dans sa fuite Sabinus blessé.

90   VAN-POL. Un joli petit tableau de fleurs soigné d'exécution.

91   ALONZO CANO. Saint François prodigue ses caresses à Jésus enfant, qu'il tient dans ses bras.

92   VAN-SPANDONK. Des Fleurs réunies dans un vase de terre : étude terminée et d'un bel effet.

93   NOLKINS. Agréable Paysage exécuté avec toute la délicatesse du pinceau de Breughel de Velours.

94   DU MÊME. Pendant du précédent, aussi bien traité.

95   DEYSTER. Très beau Portrait, qu'on croit être celui de Minno, baron de Coehorn, le plus célèbre ingénieur hollandais.

96   VERNET (JOSEPH). La Vue du Golfe et de la Ville de Naples, au moment d'une éruption du Vésuve. Ce tableau est un vrai chef-d'œuvre du maître.

97   MAAS. Le Portrait d'Adrien Van de Velde, célèbre peintre de paysage et d'animaux.

98   BRECK LINCAMP. Les Marchands de poissons, composition plaisante.

99   SLINGELANDT. La Faiseuse de dentelle, tableau fin et rare.

100   HEMSKERCK. Cinq Buveurs, dont deux occupés à jouer aux cartes, paraissent se narguer sur le jeu, ce qui fixe l'attention des trois autres.

101   CAREL DUJARDIN. Ce tableau, qui porte la signature du maître, nous paraît être un de ceux qu'il a traités dans la ma-

nière historique : il représente la Vierge en-
levée au ciel par les anges.

102   ZACHT LEVEN. Vue d'Italie, prise aux
environs de Livourne; ce petit tableau est
comme un Carel Dujardin.

103   QUELLINUS (Etienne).Les travaux de la
Sainte-Famille; tableau très fin de cet habile
élève de Rubens.

104   BRAMER. Jésus montant au ciel au milieu de la légion céleste ; riche composition
pleine de mouvement, d'énergie et de cha-
leur; quoique d'une petite dimension, ce tableau est un des plus importans de ce maître.

105   ANTOLINÈS. Une Sainte-Famille, sur
cuivre.

106   VAN-KESSEL. Petit Paysage dans le goût
d'Hobéma.

107   Sous ce Numéro il sera vendu plusieurs
dessins en feuilles et encadrés, quelques
bons Tableaux non catalogués, des lettres
autographes de personnages historiques.

Imprimerie de Madame DE LACOMBE, rue d'Enghien, 12.